〔意〕蒋卢卡·巴瓦诺利／著　〔意〕奇佳拉·克里纳西／绘

一只猫的生活哲学

如何战胜焦虑和压力

青岛出版集团 ｜ 青岛出版社

图书在版编目（CIP）数据

一只猫的生活哲学 / (意) 蒋卢卡·巴瓦诺利著 ;(意) 奇佳拉·克里纳西绘；成都锐译商务信息咨询有限公司译. -- 青岛：青岛出版社，2023.7

ISBN 978-7-5736-1311-0

Ⅰ.①一… Ⅱ.①蒋… ②奇… ③成… Ⅲ.①情绪–自我控制–通俗读物 Ⅳ.①B842.6-49

中国国家版本馆CIP数据核字(2023)第105062号

Copyright ©2022 HarperCollins Italia S.p.A., Milano
First published 2022 in Italian under the title Impara dal tuo gatto a sconfiggere ansia e stress
The simplified Chinese translation rights arranged through Rightol Media（本书中文简体版权经由锐拓传媒取得 Email: copyright@rightol.com）

山东省版权局著作权合同登记号 图字：15-2013-75号

书　　　名		YIZHI MAO DE SHENGHUO ZHEXUE 一只猫的生活哲学
著　　　者		〔意〕蒋卢卡·巴瓦诺利
绘　　　图		〔意〕奇佳拉·克里纳西
译　　　者		成都锐译商务信息咨询有限公司
出 版 发 行		青岛出版社
社　　　址		青岛市崂山区海尔路182号（266061）
本 社 网 址		http://www.qdpub.com
邮 购 电 话		0532-68068091
责 任 编 辑		梁　娜　朱子菡
装 帧 设 计		江方超　刘海艺
印　　　刷		青岛名扬数码印刷有限责任公司
出 版 日 期		2023年7月第1版　2024年1月第2次印刷
开　　　本		32开（710mm×1010mm）
印　　　张		5
字　　　数		100千
书　　　号		ISBN 978-7-5736-1311-0
定　　　价		68.00元

编校印装质量、盗版监督服务电话：4006532017　0532-68068050

引言

它静静地待在那里,神秘兮兮地看着你,然后起身,舒展四肢,灵活地走过来,跳到你怀中,舔舔你的手,然后头也不回地走去另一个房间。当它又走过来时,常常是为了让你喂它吃的,或者是让你抚摸它的小脑袋。

毫无疑问,猫咪是一种"佛系"生物。它沉着冷静,随心所欲,不轻易妥协,也不取悦任何人,坚守着"一切都理所应当"的原则。

跟随猫咪的脚步,你将从自我的精神内耗中解脱,慢慢战胜困扰你的焦虑和压力。这本书一定对你有所帮助,让你和书中的猫咪"朋友"越来越像。如果你不信的话,那就伸出你的"爪子"翻开这本书吧,可别把小指甲也伸出来哟!

读得开心,喵!

不要一团乱麻

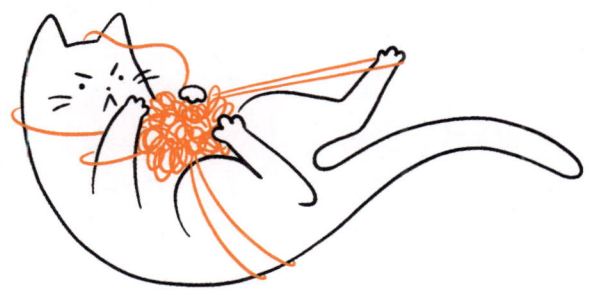

当事情变得越来越复杂时,试着后退一步,
找找线团的线头在哪里。

聆听内心的音乐

当你感到沮丧时,就跟着音乐开始跳舞吧。

有一些问题是可以解决的，
另一些嘛……就不是这样了。

学会撒娇

发出"咕噜噜"的撒娇声,大家都会原谅你的。

学会等待

有时候，解决问题的最好方法就是什么也不做。

永不停止探寻

如果你觉得自己进了死胡同,
那就大声"喵喵"叫出来吧!

勇敢拒绝

不要让任何人破坏你的原则。

发现生活中的"小确幸"

也许这不能解决任何问题,
但是会让你重现微笑!

不要过于在乎其他人

你才是你生活的中心,
你的需求才是第一位。

不要满足于
简单的解决方法

有时只有刨根问底,一直走下去,
才能够获得幸福,当然还要付出应有的努力哟!

涂色游戏

花时间冥想

静下心来，闭上眼睛，用心感受当下，
难题可能马上就迎刃而解了。

花时间去户外

大脑缺氧了吗？那就去户外呼吸新鲜空气吧！

永远不要忘记充实大脑

嘘——书拿反啦!

等待属于你的时机

有时似乎身边的一切都违背了你的意愿,
但是,只要你不放弃,早晚都会等到那个转折点!

找到你的舒适区

想想安全感带来的好处吧！快回到箱子里！

努力争取更多

知足确实会常乐,
但是不满足的人会更快乐!

享受自然

花丛中,森林里,高山上,溪流间……
大自然中总是藏着有趣的东西!

寻找珍藏在心房里的梦想

如果找不到的话,也别浪费时间找了,
换个地方看看吧!

及时表达需求
永远也不晚

说说看，说不定猫咪协会
会给你一个"摸摸"或者一些猫粮。

尽情发泄

不要把什么都憋在心里，
有机会的话，就去磨磨爪子吧。

瑜伽猫咪

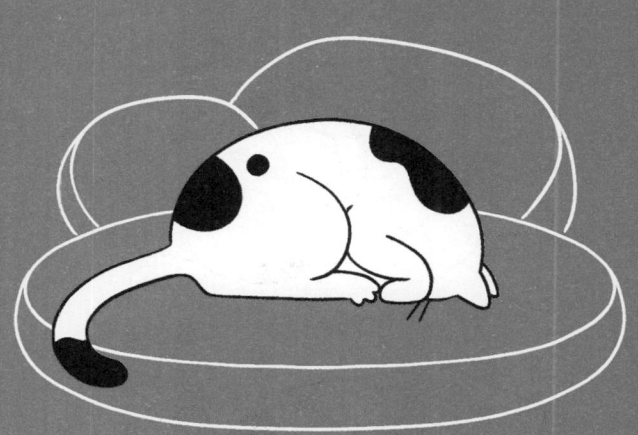

婴儿式

请找到
七处不同

留点儿时间做自己喜欢的事

生活很难,有时你会想逃避。
但是留点儿时间用在自己的兴趣爱好上,
心情就会好起来。

想到什么就去做

有时随意一点儿会帮你省掉很多麻烦。

武术能够帮助你集中精力，重新找回自己

"吼！哈！"看我无敌喵喵拳！

学会平衡

如果摔下来了,
那就祈祷猫咪真的有九条命吧……

送礼物给自己

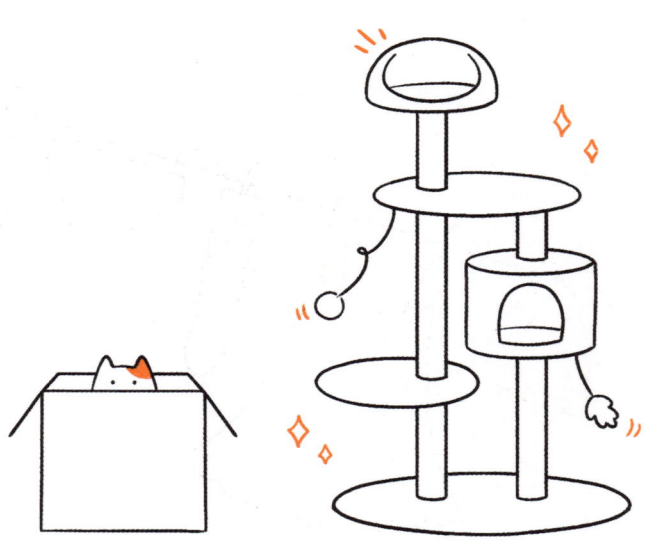

学会犒劳自己是自我治愈的第一步，
哪怕只是一个纸箱。

意识到你的独一无二

世界上没有完全相同的两只猫,
如果你真的找到了自己的克隆体,
赶紧想想怎么把它消灭掉!

也许不是你的错

"不关我的事。"
否认,逃跑,相信我准没错。

自己动手，丰衣足食

这能让人放松下来，没有心理负担，
还能带来惊喜呢！

下犬式

英文填空

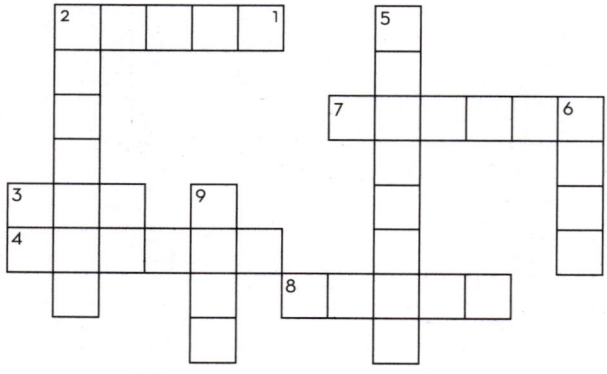

填写规则：
请根据中文提示猜写英文单词并将其按序号填入方格内。
本题按照从左至右，从上至下的顺序填写。

横排

1. 猫咪不用水就能做这件事。
3. 猫咪的死对头。
4. 可以伸到鼻子上。
7. 猫咪总是喜欢做的事。
8. 汤姆猫如影随形的小伙伴。

竖排

2. 像松子一样的东西。
5. 当猫咪跑餐一顿后会舔它们。
6. 猫咪在黑暗中也能看见。
9. 摸猫咪时它会发出的声音。

及时把握机会

在九次"猫生"中,
有利时机可能只会出现一次。

抵抗诱惑

如果你做不到，也不用伤心哟！

偶尔允许自己寻求刺激

新鲜感或许会帮助你打开人生的另一扇门，
如果你成功了，
那你在喝酒时和朋友们就有的聊了。

享受生活

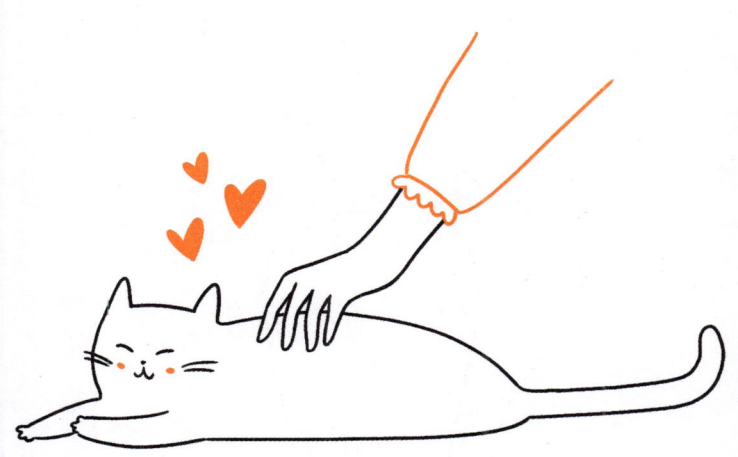

有时挠痒痒比一千粒猫粮还值得期待呢!

总是展示最好的一面

喂,可不是这一面啊……

做拉伸运动

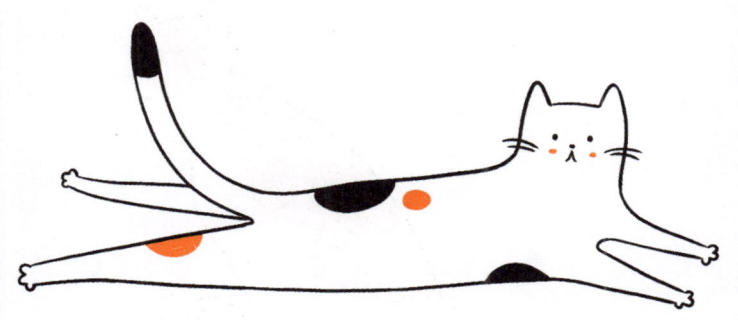

觉得疲惫时,
试试伸个懒腰吧!

维持生活的平衡,
需要有条不紊,
保持整洁

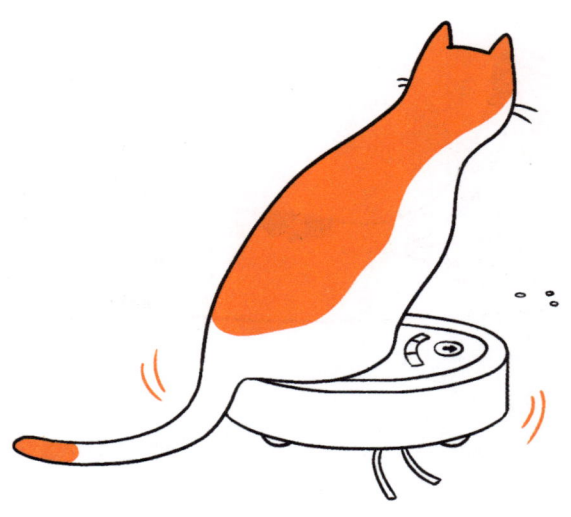

扫地机器人好像不是这么用吧……

让自己感受到被关爱

这是世界上最好的对抗压力的方式，
而且分文不花！

认真选择睡觉的地点和方式

人的一生中有将近三分之一的时间在睡觉,
有安全感是好好休息的第一步。

走迷宮

改变生活方式

有时换个方式可能会带来不一样的结果。

向别人寻求慰藉

和朋友聊聊吧,
孤独感可是会让焦虑增长三倍的哦!

永远不要与世隔绝

《猫咪法典》规定,每天至少要打一次视频电话。

怡然自乐

别人怎么想并不重要。

不要苛责自己，
吃一堑长一智

对人对己，都要宽容一些，
苛责自己才是焦虑情绪的根源。

不要掩饰恐惧

有时候,冒险也挺好玩的……
但一定得是今天吗?

穿着舒适

束手束脚永远不会带来好心情。

永远别感到羞愧

不要因为犯错而感到紧张,
它能帮助你成长。

找词游戏

```
G R A T T I N I K Q H X P L E
B B A T T E I F I S H R E E R
Q D Z U G M O U S E A O A T A
Y W O I F S C R A T C H E T L
G A O J O M O G P A W K Z I O
J J K T P C I N A I L O A E G
E O T E A L A Z Y L I H D R A
A E T I E E G H I E C U T E I
N T R A A V J B P C K C M Y M
A O P S R E W U Q C I I F E Z
S I U X O R P H K A V Y Y F K
T F J N B S I F S T X D U X S
R D N G H M O T I I C X E N B
V E R Y F R R J J N H I D X K
```

fish

mouse

scratch

paw

nail

lazy

cute

agile

lick

clever

fur

花时间放空自己

这是一个简单又有效的心灵疗法,
屡试不爽!

大胆想象

逻辑虽然能够帮你从A推出B，
但想象却能够把你带到任何地方。

提高适应性

做出最坏的打算,
往往能避免事情向不好的方向发展。

每人都有自己的小恶习

但有时要学会及时止损哟！

微笑永远很重要

微笑是有利于身心的自然良药。

无论如何,都要尝试

无论梦想有多远,都要去追寻。

永远怀有希望

在看似最没有希望的情况下,
生活往往会带给我们最大的惊喜。

爱自己

要时不时地抽出时间,
做一些让自己感到幸福的事情。

打起精神

如果觉得自己是人间宝藏,就得积极向上。
打起精神,去面对一切未知!

这又是什么游戏呢?

根据猫咪的名字找出相应的画像。

虎斑猫　　　　　　　　　..................

波斯猫　　　　　　　　　..................

暹罗猫　　　　　　　　　..................

西伯利亚猫　　　　　　　..................

斯芬克斯猫　　　　　　　..................

苏格兰折耳猫　　　　　　..................

目标高远

确立一个高远的目标就等同于拥有一个
站在巨人的肩膀上俯瞰世界的机会。

记得给自己充电

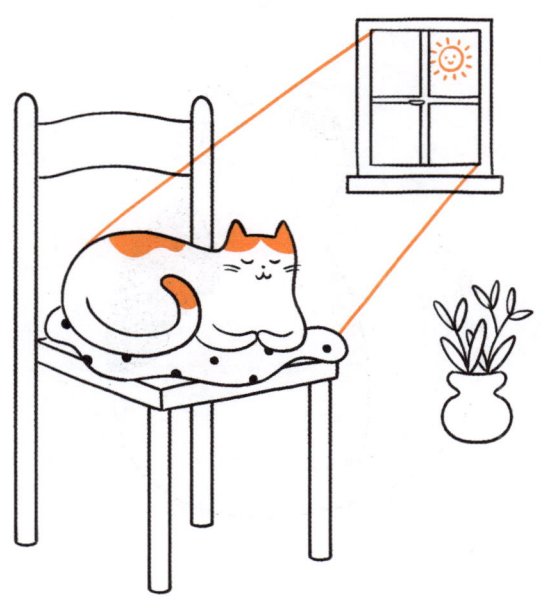

找到自己专属的"情绪插座",
可以始终让自己保持精力充沛哟!

谨慎行事

和信任的人往来，
是你安稳生活的关键。

每天都跑一跑

除了头脑灵活还需体魄强健。

保持专注

精力越集中,
结果就越令人满意。

和朋友出门玩

世间的美好都值得分享,
友谊是永葆青春的灵丹妙药。

永远不要丧失希望

耐心和坚持不懈是两个
让你焕然一新的必备品质。

为信念而战

重要的不是用什么武器,而是如何使用武器。

同样的错不要犯两次

不怕"吃一堑",就怕不"长一智"。

你怎么称呼猫咪呢?

在这里写下你给猫咪取过的最有趣的名字吧!

不要让自己陷入麻烦

有意识地规避风险是必备技能哟!

某些情况下，
趁没人注意偷偷溜走
是最好的选择

"枪打出头鸟"，低调一点可以让你更神秘。

要奋斗，也要顺其自然

为什么总要把事情搞复杂呢？

不要让自己陷入无路可走的境地

猫猫急了也会咬人!如果事情真的发生了,
记得要伸出爪子,露出尖牙来保护自己!

总是保持年轻心态

生理年龄可不能等同于心理年龄哟!

保持头脑清醒

神清气爽才能火力全开。

从另一个角度看世界

有时候你能发现意料之外的事……

一次只做一件事

关掉手机，收起平板电脑。保持专注的最好
方法是隔绝干扰。

勇于冒险

敢于冒险的"猫生"有无限可能,对于那些畏惧危险的人,危险才是无处不在的。

永远要觉得自己独一无二，与众不同

不用合群也可以闪闪发光！

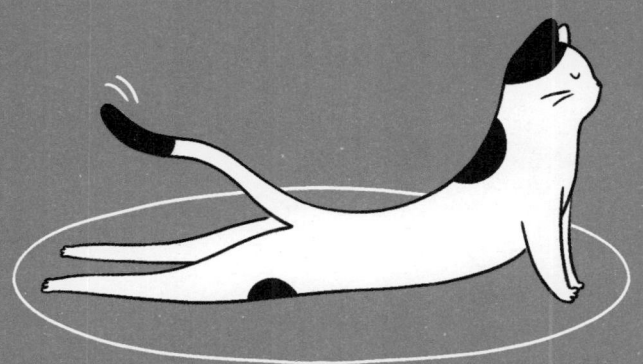

找出与众不同的一只猫咪

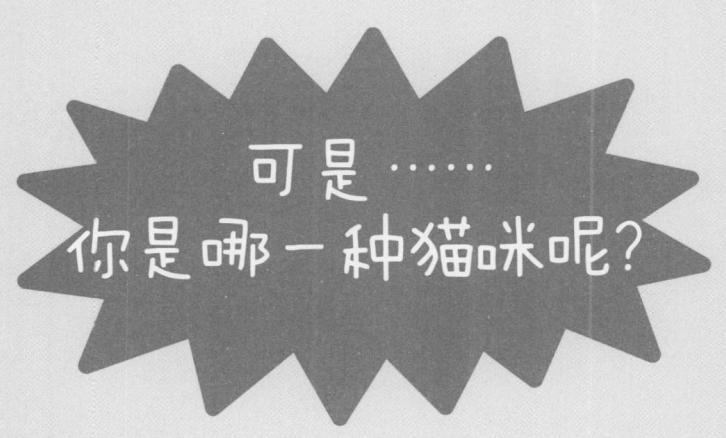

　　人和猫咪的相似点非常多，甚至有些人比猫咪更像猫咪……

　　经过长期研究和观察对比，我们将猫咪分为以下二十四类，看一看你和哪类猫咪最像呢？

　　如果你不能在接下来的内容中找到和自己最像的猫咪，就说明你还不够了解猫咪。那就从第一页开始，再看一遍书吧！

1

狡猾型

·>>>————<<<·

当你向异性求助，想让对方帮你做事情时，无论对方是人还是猫，你柔和、慵懒的眼神总能让对方对你有求必应。但你真的觉得这是达到目的的唯一方法吗？舒舒服服地蜷缩在沙发上，思考如何巧妙地用好自己的"九条命"难道不是更好的方法吗？

2

悲观型

如果你早上醒来后,感觉一切都会很糟糕,那么生活自然不会如意。从明天起,不妨试试笑着醒来。即便是独自一人,也要发出心满意足的"呼噜"声,再不济,还可以和镜子里的自己作伴(可不要把镜子打碎哟)。笑着迈出右脚向前出发,你会发现路上的便便都变少了!

3

魔法型

　　你看，这就是你——有点儿异想天开，有点儿漂亮可爱，又会点儿魔法。你和任何人都能够融洽相处，一转头就可以变换说话的声调和方式。你游走于众人之间，能够游刃有余地处理任何事，所有人都有点儿仰慕你。你使用魔法是为了不让自己受限于人，但是你不想跳脱出来，去到更高的地方吗？

4

打工型

  你是昂首挺胸、一丝不苟的打工猫,甚至有点儿因循守旧!现在,是时候做出改变了!别再唯命是从了,把你几千页的演算纸放到一边,顺其自然吧,我们没办法掌控所有事!

5

朱门巧妇型

你觉得你命中注定是全身心地去爱却得不到任何回报吗?你觉得自己总是被辜负吗?照照镜子,停下来思考一下你能怎么改变自己吧。有时伸出爪子挠人可比抚摸更有用……

6

狂躁型

·>>>————<<<·

在和你待了一个小时后,你的朋友回家时就像跑了马拉松一样累。在这六十分钟内,你六次建议对方改变生活方式,提到了四个不同的地点,和餐吧的服务员吵了架,骂了电话那头的某个人,甚至仅仅因为一个路人抢先走在了你前面而大发雷霆。可能你的朋友还没到吃药的程度,但他也许已经准备挂个专家号进行心理疏导了。我是说也许……

过度依赖型

•»»»— —«««•

　　如果有猫咪把爪子往右移了一点,那你也立马把爪子往右移。如果它把爪子往左移呢?你看,你又会跟着这么做。所有人都需要有自己的空间。记住啊,紧紧依赖着别人,让他们觉得窒息的话,可是会有后果的……而且结果通常都不会太好哟!

8

墨守成规型

·>>>>—<<<·

"一切都应该改变。"你虽然总是这么喵喵叫,但是做事却墨守成规,比撒丁岛上的塔状建筑还死板。世界在变化,一代代人后浪推前浪,可你却原地不动,永远穿着精致的米色长裤和尼龙衬衫,爪子里不合时宜地端着一杯鸡尾酒,甚至杯子里连吸管都没有。抱残守缺真的不会让你感到不安吗?

9

习惯否定型

你的回答总是:"不,不,不……"这怎么行呢?要想讨人喜欢,就要学会和人沟通交流。在说了太多次"不"之后,试着说一次"好"吧,你会发现世界对你更宽容。在这之后再说"不"的话,往往会有特殊的效果。

运动健将型

你从来不会停下来,从不。你像有十六个肺一样,总是有花不完的精力。你在早晨第一个醒来,为大家准备早餐,你是足球比赛的胜利者、梦幻联赛的组织者,你是最优秀的职工,还是第一个冲出去抓老鼠的猫咪……难道你就不怕你钢铁般的意志与活力招人反感吗?

酒王型

你是喝酒大王,早上起床后就开始倒计时,迫不及待地期望和朋友们开怀畅饮。喝酒确实是猫生中不可缺少的美事,但让喝酒碰杯成为你生活的中心真的好吗?试着慢慢少喝点儿酒吧,你会发现你看起来更酷了!

12

过于积极型

·»»——«««·

你总是站在最前线,甚至当其他猫咪在为买圆形猫砂盆还是六角形猫砂盆这种荒唐事打架的时候,你也不会缺席。你从不停止,从不满意,永远在抗议……抗议什么呢?你真的好好想过这个问题吗?

13

笼中猫型

　　你觉得自己被关了起来,在笼子里摇摇晃晃,被人提着穿梭在路上,和无数人擦肩而过。虽然你暂时无法改变现状,但只要还有空气与阳光,总会有希望获得自由!有时逃离现状的路就在你眼前,或许只需要把你的小爪子伸到别人给你划定的界限之外就足够了……

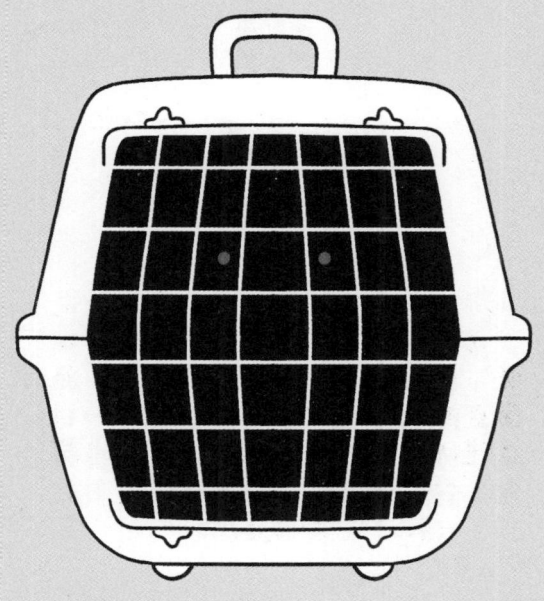

14

中老年型

•»»———«««•

我不得不承认,你上周至少说了一次这样的话,"这以前都是郊区呀"或者"有手机后,人们都不面对面交流了"。那我就要提醒你了,时代在进步,止步不前的是你。快清醒过来,舒展四肢,加快步伐跑起来吧,赶上大部队还来得及!

15

演技型

•»»———«««•

如果让十个认识你的人来描述你，我们就会得到十个不同的答案……你也知道，对吧？这就是那些想取悦别人或者想要获取别人注意力的猫咪可能会遇到的窘境，因为他们总是按照别人的喜好来表现自己。但是我们猫脸对猫脸，坦诚地说，你可是有自己个性的！为什么总是要把自己藏在"生存还是死亡"的戏剧面具之下呢？

社牛型

对于你来说,正在注视着你的人和正在开心玩着手机的人没什么不同,因为你都会走过去和他们说话……你非常善于交际,你会和他们谈论天气、美食、运动或者流感。快停下来吧,不然有些人就要像躲"癞皮狗"一样躲着你了!

讨好型

是的,我们知道你需要陪伴,没办法独处。但你不觉得总是需要通过照顾别人来体现自己价值的行为有点儿不太正常吗?去阅读、旅行、解放天性吧……最重要的是要找到自己的爱好!

寻衅型

其实,没什么好说的,反正你到哪里,哪里就会一团糟。你还记得《猜火车》中的暴力狂贝格比自己砸碎一个大酒瓶,并将此作为攻击别人的借口吗?如果你也经常想和人起冲突的话,那是时候反思一下了。冷静下来,别好了伤疤忘了痛!

惊讶型

"我简直不能相信"是你的口头禅。你的朋友经常会给你讲一些荒谬的故事,只为了嘲笑你每次露出的目瞪口呆的表情……明早试着喝两杯咖啡,好好洗个冷水澡,看看报纸,然后体面地走出家门,学会保持平和的状态,你的表情一定会有所改变!

高贵型

"我不会和那只猫说话。""这也太无聊了吧。""我试都不会和那只猫试一下,反正……"天呐,你以为你是谁啊?在你的猫生中,至少下一次神坛,试着听一听他人的建议,你会感到焕然一新的!

21

被害妄想型

你总是抱怨没人信任你,但如果别人问你"你信任谁呢?",你会回答"我连我自己都不相信"。你的确是一只狠起来连自己尾巴都咬的猫咪!揭下面具,别再想怎么报复他人和世界了,这样的话,一切都会容易许多。

22

自命不凡型

·»»———«<·

"金猫奖得主是……"——就算是在白天,你也会梦到自己获奖。你觉得人们都不懂你,但是你深信不疑,属于你的时代迟早会来。要想实现梦想,你需要努力工作,而不是等待命运的安排!撸起袖子加油干,放下你高傲的尾巴,一步一个脚印,你会成功的。

23

纠结型

·>>>— —<<<·

你说了一句话，一分钟之后又不承认了。如果别人问你喜欢甲还是乙，你会口是心非地回答，并且希望别人明白你的小把戏。总之，你就像活在《大富翁》的世界里，总是抽到"回到起点"的卡片，每往前一步却要后退几步。如果你不是本杰明·巴顿的话，最好快点儿醒悟过来！

24

分离焦虑型

•>>>——<<<•

你只用几招就能让人筋疲力尽、丧失耐心。顺便一提,这几招都要老掉牙了。你总是向周围的人施加压力,你最喜欢问的问题是"然后呢?"和"我们什么时候见面?"。而且,如果有人不接你的电话,你就会开始不停地骚扰。你知道你有多烦人吗?你的爪子都快把别人的裤子抓烂了!

答案：

请找到七处不同

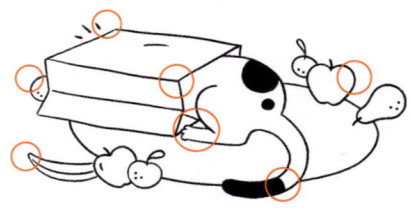

英文填空

横排
1. clean（清洁）
3. dog（狗）
4. tongue（舌头）
7. tickle（挠痒痒）
8. Jerry（杰瑞）

竖排
2. cat food（猫粮）
5. whiskers（胡子）
6. eyes（眼睛）
9. purr（咕噜声）

走迷宫

找词游戏

```
G R A T T I N I K Q H X P L E
B B A T T E I F I S H R E E R
Q D Z U G M O U S E A O A T A
Y W O I F S C R A T C H E T L
G A O J O M O C P A W K Z I O
J J K T P C I N A I L O A E G
E O T E A L A Z Y L   H D R A
A E T I E E G H I E C U T E I
N T R A A V J F Q R F C M Y M
A O P S R E W U Q C I I F E Z
S I U X O R P H K A V Y Y F K
T F J N B S I F S T X D U X S
R D N G H M O T I I C X E N B
V E R Y F R R J J N H I D X K
```

这又是什么游戏呢?

虎斑猫 C   西伯利亚猫 E
波斯猫 A   斯芬克斯猫 B
暹罗猫 F   苏格兰折耳猫 D

找出与众不同的一只猫咪

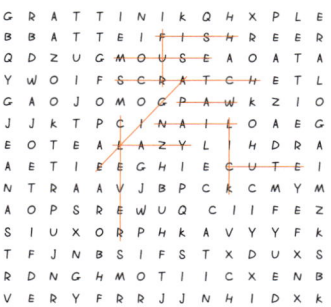

享受生活